Schlachtschiff Bismarck

-Von Hamburg nach Gotenhafen-

Kommentiert von
Karlheinz J. Geiger und Holger Tümmler

MELCHIOR VERLAG
History Books

Die vorliegende Dokumentation ist in enger Zusammenarbeit
mit History Films entstanden und basiert auf jahrelangen
Recherchen zu einem umfassenden Filmprojekt.

Alle Bilder stammen aus dem einzigartigen
Foto- und Film-Archiv von History Films,
sowie aus der Sammlung des Melchior Verlages.

M

Wolfenbüttel
2008
ISBN: 978-3-939791-71-3
www.melchior-verlag.de

Inhaltsverzeichnis

Die Kaiserliche Marine

Unter der Führung des deutschen Kaisers Wilhelm II. und seines Großadmirals Alfred von Tirpitz begann an der Schwelle zum 20. Jahrhundert der Aufbau einer starken deutschen Marine, der Kaiserlichen Marine.

Bis zum Ausbruch des **„Großen Krieges"** im August 1914 war die **„Hochseeflotte"** der Kaiserlichen Marine bereits zur zweitgrößten Flottenmacht der Welt aufgestiegen. Nur noch die **„Grand Fleet"** (die Große Flotte) der Engländer war ihr zahlenmäßig und auch artilleristisch überlegen.

In der Nacht vom 31. Mai auf den 1. Juni 1916 kam es in der Nordsee schließlich zum einzigen, von beiden Seiten übrigens unbeabsichtigten Zusammenstoß der Flotten. Die größte Seeschlacht der Geschichte, die Schlacht vor dem Skagerrak, von den Engländern **„Battle of Jutland"** genannt, endete mit leichten Vorteilen für die kaiserlich-deutsche **„Hochseeflotte“** im Grunde unentschieden.

In der Folge war Wilhelm II. im Gegensatz zu Tirpitz nicht bereit, die Flotte aufs Spiel zu setzen. Anstatt einen Versuch zu unternehmen die britische Blockade aufzubrechen, lagen die großen Schiffe die meiste Zeit untätig in ihren Heimathäfen und dümpelten vor sich hin.

Am 11. November 1918 wird der Erste Weltkrieg durch einen Waffenstillstand vorerst beendet.

Kaiser Wilhelm II. in Marine-Uniform

Die gewaltige Seeschlacht vor dem Skagerrak

Zu den Friedensbedingungen der Sieger gehörte auch die Forderung, die **„Hochseeflotte"** an den Feind auszuliefern. Sie war auf Druck der Alliierten, bereits kurz nach Abschluss des Waffenstillstands, entgegen den ursprünglichen Verabredungen, nicht in einem neutralen Hafen, sondern in Scapa Flow, dem britischen Kriegshafen im Norden Schottlands, vorläufig mit deutschen Rumpfbesatzungen interniert worden und lag dort schon seit dem 21. November 1918 vor Anker.

Was war genau geschehen? Unter einer ganzen Reihe von Artikeln, die das Unschädlichmachen der deutschen Streitkräfte zu Lande und zu Wasser betrafen, kam für die Hochseeflotte der Artikel 23 der Waffenstillstandsbedingungen in Frage. Er lautete:

„Die Kriegsschiffe der deutschen Hochseeflotte, welche die Alliierten und Vereinigten Staaten bezeichnen, werden sofort abgerüstet und alsdann in neutralen Häfen oder in deren Ermangelung in Häfen der alliierten Mächte interniert. Die Häfen werden von den Alliierten und den Vereinigten Staaten bezeichnet werden. Sie bleiben dort unter der

Überwachung der Alliierten und Vereinigten Staaten, es werden nur Wachkommandos an Bord gelassen.

Die Bezeichnung der Alliierten erstreckt sich auf:

6 Panzerkreuzer
10 Linienschiffe
8 Kleine Kreuzer (davon 2 Minenleger)
50 Zerstörer der neuesten Typen.

Alle zur Internierung bezeichneten Schiffe müssen bereit sein, die deutschen Häfen sieben Tage nach Unterzeichnung des Waffenstillstandsvertrages zu verlassen. Die Reiseroute wird ihnen durch Funkspruch vorgeschrieben."

Bei Nichterfüllung der Waffenstillstandsbedingungen wurde von den Alliierten mit der Besetzung Helgolands gedroht. Einige Tage später wurde dann in Wilhelmshaven verbreitet, dass auch die Besetzung der Nordseeflussmündungen angedroht sei.

„S.M.S Derfflinger" letzte Ausfahrt in Wilhelmshaven

„S.M.S. Panzerkreuzer Blücher" feuert aus allen Rohren

Doch erst nach fast einem halben Jahr, am 7. Mai 1919, darf sich eine deutsche Delegation in Versailles einfinden, um die Friedensbedingungen der Sieger entgegenzunehmen. Annehmen oder Weiterkämpfen, das ist die Wahl, die man den Deutschen hier lässt.

Am 28. Juni 1919, dem14ten und letzten Tag des Ultimatums, unterzeichnet die deutsche Delegation das Versailler Diktat und verhindert damit in letzter Minute die Wiederaufnahme der Kampfhandlungen.

Nachdem sich, bedingt durch die Art und Weise wie die Friedensverhandlungen von den Alliierten geführt wurden, immer mehr abzeichnete, dass es für die **„Hochseeflotte"** wohl keine Heimkehr mehr geben würde, trafen die deutschen Besatzungen insgeheim Vorbereitungen zur Selbstversenkung der Flotte.

Englische Luftschiffe begleiten deutsche Torpedoboote zum englischen Kriegshafen nach Scapa Flow

Die deutschen Schlachtschiffe und Schlachtkreuzer, die in der Skagerrakschlacht so tapfer und trefflich gekämpft hatten, sollten niemals unter der Flagge eines Feindes fahren, darin waren sich in jenen Junitagen des Jahres 1919 alle einig.

In den Morgenstunden des 21. Juni 1919 begann die bereits vorbereitete Selbstversenkung der stolzen Hochseeflotte.

Die Linienschiffe, Schlachtkreuzer, Zerstörer und Torpedoboote hatten entgegen den alliierten Bestimmungen Kriegsflagge und Kommandantenwimpel gesetzt und sanken mit wehender Flagge in der Bucht des englischen Kriegshafens Scapa Flow. Verblieben waren der deutschen Marine nur einige wenige veraltete Linienschiffe aus der Vorkriegszeit.

Kaiser-Standarte.

Allerdings konnte die der „Kaiserlichen Marine“ nachfolgende „Reichsmarine“ mit ihrem ganz und gar unzureichenden Personalstand von 15.000 Mann, nicht einmal ansatzweise die maritimen Aufgaben erfüllen.

„S.M.S Hindenburg" im sinkenden Zustand in Scapa Flow

Der Bau von Schlachtschiffen, Schlachtkreuzern, Flugzeugträgern und U-Booten war dem Reich ebenso untersagt wie der Besitz von Flugzeugen und Panzern. Gebaut werden durften nur maximal sechs Kriegsschiffe mit einer Tonnagebegrenzung von 10.000 tons und einer auf 28 cm begrenzten Hauptartillerie.

Auch wenn den deutschen Schiffsbaukonstrukteuren mit dem Bau des neu entstandenen Schiffstyps, des Panzerschiffes, ein wirklich genialer Entwurf gelang, so war doch, selbst die nötige Verteidigung der eigenen Küstengewässer an der Nord- und Ostsee, aufgrund der zahlenmäßigen und artilleristischen Unterlegenheit so gut wie unmöglich.

Die kleine **„Reichsmarine"** der Weimarer Republik konzentrierte sich daher während der Zeit ihres Bestehens von 1919 bis 1935, folgerichtig auf die Ausbildung des seefahrenden Personals.

Weil man bei der Marine immer darauf hoffte, dass es über kurz oder lang doch zu einer Lockerung der Versailler Bedingungen kommen würde, sah man zuerst die dringlichste Aufgabe in der Erhaltung der maritimen Grundlagen.

Mit der Verkündung der Wehrhoheit am 16. März 1935 wurde schließlich die **„Reichsmarine"** in **„Kriegsmarine"** umbenannt. Bis zum Ende des Jahres wehte auf allen Schiffen die neue Reichskriegsflagge des Dritten Reiches.

Vom Abschluss eines besonderen deutsch-britischen Flottenabkommens wird die Welt dann am 18. Juni 1935 überrascht. England, als ehemaliger Kriegsgegner und Mitunterzeichner des Versailler Diktats, hatte diesen Vertrag selbst aus den Angeln gehoben und gleichzeitig auf die neuen Machtverhältnisse in Berlin reagiert.

Flagge der Kaiserl. Kriegsmarine.

Das neue Abkommen band jetzt die künftige Stärke der deutschen Flotte im Verhältnis 35:100 an die vorhandene Zahl britischer Seestreitkräfte. Bei den U-Booten wurden 45% vereinbart, die im Bedarfsfall auf 100% ausgeweitet werden konnten.

Deutschland konnte jetzt in den einzelnen Schiffsklassen, nach vorgegebenen Tonnagebegrenzungen, mit dem Bau von Schlachtschiffen, Flugzeugträgern, Schweren- und Leichten Kreuzern und Zerstörern beginnen. Die Wiederherstellung einer im Kreis der Seemächte zu respektierenden deutschen Flotte schien nur noch eine Frage der Zeit.

Für diesen Fall hatte im Jahr 1934 die deutsche Marineleitung bereits auf der Grundlage der noch vorhandenen Entwürfe der letzten Schlachtkreuzerprojekte der Kaiserlichen Marine, der **„Mackensen“**- und **„Ersatz Yorck“**-Klasse, wieder ein Konzept für den Bau von Großkampfschiffen in Angriff genommen.

Die beiden ersten Schlachtschiffe der deutschen Kriegsmarine **„Scharnhorst“** und **„Gneisenau“** stellten am 7. Januar 1939 und am 21. Mai 1938 in Dienst. Noch gemäß Versailler Vertrag, nur mit 28 cm Geschützen armiert, waren sie den Schlachtschiffen anderen Marinen artilleristisch unterlegen.

Schlachtschiff „Scharnhorst“

Wie schon die Panzerschiffe vor ihnen, trugen auch sie den Stempel des Versailler Diktats. Es handelte sich um eine Kompromisslösung aus politischen Erwägungen und militärischen Notwendigkeiten. Aber damit waren **„Scharnhorst“** und **„Gneisenau“** auch die ersten Schlachtschiffe, welche die Merkmale von Schlachtkreuzern, Linienschiffen/Schlachtschiffen in sich vereinigten.

Neben einer außerordentlich hohen Standfestigkeit, erreichten sie trotz mäßiger Seefähigkeit mit annähernd 36 Knoten die Geschwindigkeit von Kreuzern und Zerstörern. Jedem artilleristisch überlegenen Gegner konnten sie mit ihrer außergewöhnlich hohen Geschwindigkeit buchstäblich davonfahren und ungünstigen Gefechten ausweichen.

Vollwertige Schlachtschiffe waren sie jedoch, aufgrund ihrer zu schwachen Armierung, nicht.

Doch erst mit der Vergabe des Bauauftrages für das ganz neue Schlachtschiff **„F“** am 16. November 1935, begann der schwierige Bau eines erstmals vollwertig durchkonstruierten Schlachtschiffes für die Kriegsmarine. Die ersten Planstudien dazu, erfolgten bereits 1932.

Der Konstruktionsentwurf von 1935 musste aber während der Bauphase dann nochmals überarbeitet werden.

Schlachtschiff „Gneisenau“

Am 1. Juli 1936 erfolgte bei Blohm & Voss in Hamburg die Kiellegung des neuen Schlachtschifftyps. Annähernd 2 ¾ Jahre mussten nun ins Land ziehen, bis der Ersatzbau für das alte Linienschiff **„Hannover“**, das neue Schlachtschiff **„F“**, vom Stapel laufen konnte.

Der 14. Februar des Jahres 1939 wurde dann auch zu einem der bedeutungsvollsten Tage der Stadt Hamburg und der deutschen Marinegeschichte.

Hierzu berichtete die ***Deutsche Wochenschau***:

„Hamburg vor seinem großen Tag!

Auf der Werft von Blohm & Voss trifft man die letzten Vorbereitungen für den Stapellauf des Schlachtschiffes „Bismarck“.

*Dieser Gigant aus Stahl hat eine Länge von 241 Metern und eine Breite von 36 Metern, sowie eine Wasserverdrängung von 35.000 Tonnen.**

Seine Armierung wird aus 8–38 cm Geschützen, aus 12-15 cm Geschützen und der notwendigen FLAK Artillerie bestehen.

Das Schiff tritt als vorläufig stärkste Waffe der Flotte zu den bereits in Dienst stehenden Schlachtschiffen „Gneisenau“ und „Scharnhorst“ von je 26.000 Tonnen und ist damit das erste eines neuen Geschwaders von 35.000 Tonnen Schiffen.

Der Führer kam nach Hamburg, um an dem Stapellauf dieser Kundgebung deutscher Seegeltung teilzunehmen.“

**Tonnagedaten wurden aus Gründen der Geheimhaltung in offiziellen Verlautbarungen nicht richtig angegeben.*

Das Panzerschiff **„Admiral Scheer“** und der Leichte Kreuzer **„Nürnberg“** hatten eigens wegen des Stapellaufes von **„Bismarck“** im Hamburger Hafen festgemacht.

Mit 21 Salutschüssen begrüßten sie das neue Schlachtschiff.

Adolf Hitler grüßt während der Vorbeifahrt die in Paradeaufstellung angetretenen Besatzungen der beiden Schiffe (**„Admiral Scheer“** und **„Nürnberg“**). Nach der Begrüßung und den Danksagungen an die Konstrukteure und Werftarbeiter von Blohm & Voss begibt sich Adolf Hitler im Beisein von Hermann Göring, Generaladmiral Raeder und den Brüdern Rudolf und Walther Blohm, zur eigens am Bug der **„Bismarck“** aufgebauten Taufkanzel.

Adolf Hitler hatte den Stapellauf zum feierlichen Staatsakt deklariert. Er wird die Taufaktfestrede für das neue Schlachtschiff halten, bevor die Enkelin Otto von Bismarcks, Dorothea von Löwenfeldt, die traditionelle Schiffstaufe vollzieht.

Der Stapellauf von „Bismarck“ am 14. Februar 1939.
Zuvor hatte Adolf Hitler die Festrede gehalten, dann erhielt das Schlachtschiff von Dorothea von Löwenfeldt, der Enkelin Bismarcks, seinen stolzen Namen.

Die Worte Adolf Hitlers zum Stapellauf:

„Im sechsten Jahr nach der nationalsozialistischen Revolution erleben wir heute den Stapellauf des dritten und nunmehr größten Schlachtschiffes unserer neuen Flotte.

Als Führer des deutschen Volkes und als Kanzler des Reiches kann ich ihm aus unserer Geschichte keinen besseren Namen geben als den Namen des Mannes, der als ein wahrer Retter ohne Furcht und Tadel Schöpfer jenes deutschen Reiches war, dessen Wiederauferstehung aus bitterster Not und dessen wunderbare Vergrößerung uns die Vorsehung nunmehr gestattete.

Deutsche Konstrukteure, Ingenieure und Werftarbeiter haben den gewaltigen Rumpf dieses stolzen Riesen zur See geschaffen.

Mögen sich die deutschen Soldaten und Offiziere, die die Ehre besitzen dieses Schiff zu führen, jederzeit seines Namensträgers würdig erweisen.

Möge der Geist des Eisernen Kanzlers auf sie übergehen, möge er sie begleiten bei all ihren Handlungen ob dem glückhaften Warten im Frieden, möge er aber wenn es je notwendig sein sollte, ihnen mahnend voranleuchten in den Stunden schwerster Pflichterfüllung.

Mit diesem heißen Wunsch begrüßt das deutsche Volk sein neues Schlachtschiff BISMARCK."

Danach vollzieht Dorothea von Löwenfeld die Schiffstaufe mit den Worten:

„Auf Befehl des Führers und Reichskanzlers taufe ich dich auf den Namen BISMARCK".

Die Ablaufbremse wird gelöst, der stählerne Koloss setzt sich unter den Klängen des Deutschland-Liedes langsam in Bewegung und gleitet die Großhelling hinab in das ihm zugedachte Element.

„Bismarck“ gleitet ins Wasser

„Bismarck“ sollte eine Antriebsleistung von 150.170 PS und eine tatsächliche Länge von 251 Meter, sowie eine Breite von 36 Meter erreichen.

Bei voller Ausrüstung würde **„Bismarck“** später 53.546,7 Tonnen verdrängen, allein der Tiefgang beläuft sich dann auf 10,2 Meter.

Die letztendlichen Baukosten betrugen 196,8 Millionen Reichsmark.

Der „Eiserne Kanzler“ als Namensgeber

Otto Fürst von Bismarck zählt zu den interessantesten und bedeutendsten Politikern der deutschen Geschichte.

1862 ernannte ihn König Wilhelm I. zum preußischen Ministerpräsidenten. Fünf Jahre später wurde er 1867 Bundeskanzler des **„Norddeutschen Bundes“**.

Unter Preußens Führung gehen die deutschen Länder 1870/71 in den deutsch-französischen Krieg. Nach dem eindrucksvollen Sieg schmiedet Bismarck zusammen mit den deutschen Fürsten die **„Einheit des Reiches von oben“**; das Deutsche Reich entsteht. Der preußische König Wilhelm I. wird zum Kaiser der Deutschen und Otto von Bismarck zum Reichskanzler und preußischen Ministerpräsidenten erhoben.

Bis zu seiner Entlassung im Jahre 1890 betreibt er nach allen Seiten eine ausgewogene und intelligente Friedenspolitik. Mit komplizierten Bündnissystemen gelingt es ihm Deutschland, welches seit jeher unter der europäischen Mittellage zu leiden hatte, gegen alle Machtgelüste europäischer Nachbarländer abzusichern. Dem im Herzen Europas stehenden Zweiten Deutschen Reich, bescherte die erfolgreiche und weitsichtige Politik Bismarcks, eine Friedensperiode von fast einem halben Jahrhundert.

Uniformen der Kaiserlichen Marine

Der „Eiserne Kanzler" Otto Fürst von Bismarck

Unter unwürdigen Umständen und im Streit wird Otto von Bismarck von Kaiser Wilhelm II. im Jahr 1890 aus seinem Amt entlassen.

Der Generationskonflikt zwischen dem alternden Reichskanzler und dem sehr jungen Kaiser, sowie die unterschiedlichen Auffassungen in der Innen-, Sozial- und Außenpolitik brachten für beide unüberwindliche Gegensätze.

Der **„Eiserne Kanzler“** verstirbt im Alter von 83 Jahren am 30. Juli 1898 in Friedrichsruh bei Hamburg.

Ganz Deutschland trauerte um ihn; seine Begräbnisstätte wird zu einem wahren Wallfahrtsort. Er hatte für das deutsche Volk beeindruckendes geleistet.

Nicht nur mit **„Blut und Eisen“**, sondern auch mit geistiger Brillanz hatte Bismarck an den gescheiterten **„deutschen Traum“** von 1848 angeknüpft und schuf mit der Kaiserproklamation in Versailles, am 18. Januar 1871, als er die Annahme der Kaiserwürde durch Wilhelm I. verkündete, Tatsachen, die für den Fortgang der europäischen- und deutschen Geschichte weitaus bedeutungsvoller waren.

Fürst Otto von Bismarck war im Geiste immer frei und unabhängig. Seinem König war er allzeit treu ergeben. Mit mutiger Entschlossenheit begann er seinen erfolgreichen Kampf um die deutsche Sache und wurde so zum Baumeister des neuen Reiches. Bismarck lehrte aber auch den nachfolgenden Generationen nicht nur die hohe Kunst einer dauerhaften Friedenspolitik, sein Vermächtnis war auch die Erkenntnis, dass nur der Starke und Gerechte die Achtung und den Respekt anderer dauerhaft gewinnen kann.

In der deutschen Marine hielt der Name **„Bismarck“** als Schiffsname erstmals im Jahr 1875 Einzug. Eine gedeckte Korvette sollte als erstes Schiff seinen Namen tragen.

Schließlich folgte am 25. September 1897 als zweiter Namensträger der Große Kreuzer **„Fürst Bismarck“**.

„Bismarck" entsteht

Sofort nach dem Stapellauf begannen für die nächsten achtzehn Monate, bis zur Indienststellung am Ausrüstungskai, die Restarbeiten für den Weiter- und Fertigbau des Schiffes.

Aufgrund der zwischenzeitlich durchgeführten Atlantikerprobung des neuen Schlachtschiffes **„Gneisenau"** hatte man festgestellt, dass ein noch stärker abgewinkelter Bug eine Verbesserung der Seefähigkeit bewirkt und das Vorschiff außerdem besser vor überkommenden Spritzwasser schützt.

Die noch mit geradem Vorsteven vom Stapel gelaufene **„Bismarck"** erhielt deshalb bis Ende 1939 ebenfalls einen neuen schräger verlaufenden Atlantikbug.

„Bismarck" gleitet die Großhelling hinab

Zu den Männern auf der Werft kommen nun auch die ersten Soldaten des künftigen Bordkommandos und absolvieren die Baubelehrung. Sie beobachten den Einbau der Maschinen, sie verfolgen jede Rohrleitung und lernen das Innere des Schiffes in all seinen Varianten ausführlich kennen.

„Bismarck“ kurz nach dem Stapellauf, die Ausrüstungszeit beginnt

Der verbesserte Bug von „Bismarck“(Atlantikbug)

Adolf Eich kam als einer der ersten auf das neue Schlachtschiff und erinnert sich:

*„Auf **„Bismarck“** bin ich von Anfang an seit der Baubelehrung gewesen. Ich bin mit der „New York“ nach Hamburg gefahren. In Hamburg bin ich auf „General Adikas“ gewesen und dann übergestiegen auf **„Bismarck“** und habe dort die Baubelehrung mitgemacht. Wie findet man sich hier im ersten Moment zurecht? Fast unglaublich – diese unheimlichen Räume – die Größe des Schiffes. Um sich zurechtzufinden, musste man fast einen Kompass haben.“*

„Bismarck“ im Eiswinter 1939/40 am Ausrüstungskai von Blohm & Voss. Blick auf die beiden vorderen 38 cm Zwillingstürme Anton und Bruno.

Und Heinz Steeg sagt zur Baubelehrung folgendes:

„Zuerst musste man seinen Raum, in den man zu Fahren hatte, kennen lernen. Es war ja kein direkter Betrieb während der Baubelehrung. Uns wurde erklärt wie die einzelnen Verbindungen funktionieren, denn wir lebten ja von der Versorgung. Ohne Öl fuhr auch ein Dieselschiff nicht. Wir lernten wo die Ölbunker sind, wo sich die entsprechenden Ventile befinden und wie man mit all diesen Geräten arbeitet.

Alles musste man ja vorher lernen. So ohne weiteres ist das nicht getan. Spring in den Raum und fahr – das geht so nicht! Man musste todsicher wissen – da fass ich zu – das ist das richtige Ventil, ein anderes gibt es nicht! Denn Fehlhandlungen durften auf keinen Fall passieren. Man musste schließlich an Bord immer alles richtig machen – und das galt es hier zu lernen."

„Bismarck" während der Endausrüstung

Am 24. August 1940, fast fünf Jahre nach Erteilung des Bauauftrages, war es dann endlich soweit. **„Bismarck“** konnte Indienst gestellt werden.

Kapitän zur See Lindemann geht an Bord (Kommandant von „Bismarck“)

Die Besatzung tritt beidseitig auf dem Achterschiff divisionsweise an, die Reihen der Männer werden millimetergenau an den Decksnähten ausgerichtet. Dann ertönt das Kommando: **„Front nach Steuerbord!“**

Der Kommandant, Kapitän zur See Ernst Lindemann, schreitet gefolgt vom 1. Offizier und seinem Adjutanten die Ehrenkompanie ab. Seine Ansprache ist militärisch knapp, trägt jedoch eine Besonderheit, die alle Zeiten überdauern sollte. Er verlangt von seiner Besatzung in Zukunft nicht mehr von der **„Bismarck“**, sondern von ***dem*** **„Bismarck“** zu sprechen.

Dann kommt das Kommando:
„Heißt Flagge und Wimpel!
Alle Mann achteraus !“

Tag der Indienststellung am 24. August 1940.
Der Kommandant begibt sich nach Achtern, um die Indienststellung zu vollziehen.

Unter den Klängen der Nationalhymne wird die Reichskriegsflagge am Flaggenstock über dem Heck gesetzt. Jeder an Bord ist sich der verpflichtenden Bedeutung der Flagge bewusst. Sie ist mehr als nur ein nationales Symbol. Sie zeigt auf See auch die Gefechtsbereitschaft des Schiffes an.

Am 24. August, dem Tag der Indienststellung, schreitet Kapitän zur See Ernst Lindemann die Front der angetretenen Ehrenwache ab

Mit diesem militärischen Zeremoniell ist der Gigant aus Stahl, das Wunderwerk an Präzision und Technik, endgültig zum Leben erwacht. **„Bismarck“** ist auf die Weltbühne der Seekriegsgeschichte getreten und wird diese von nun an, wie kein anderes deutsches Kriegsschiff bestimmen.

Als Hauptbewaffnung verfügte das Schlachtschiff über 8-38 cm Geschütze in vier Zwillingstürmen, von denen je zwei vorne (Turm Anton und Bruno) und zwei achtern (Turm Cäsar und Dora), mittschiffs aufgestellt waren. Die schweren Türme konnten bis zu 290 Grad gedreht werden, die Rohrlänge betrug 19,6 Meter, die höchste Schussweite belief sich auf gewaltige 36,2 Kilometer.

Als Mittelartillerie dienten 12-15 cm Geschütze mit einer maximalen Schussweite von 23 Kilometer. Sie wurden in sechs Doppeltürmen, je drei an Steuerbord und drei an Backbord aufgestellt.

Als Schwere Flak standen **„Bismarck"** 16-10,5cm Schnellfeuerkanonen in acht Zwillingslafetten zur Verfügung. An Steuerbord und Backbord waren je vier von ihnen aufgestellt. Die leichte Flak bestand aus 16-3,7- und 12-2 cm Kanonen.

Ein Blick von der Back auf die beiden vordern 38 cm Geschütztürme

Außer den optischen Entfernungsmessgeräten verfügte **„Bismarck"** über drei Funkmessortungsgeräte. Ihre Reichweite lag bei etwa 25 Kilometer und damit an der Grenze der Sichtweite. Gegner konnten bei Nacht oder Nebel aufgefasst werden. Das neue Schlachtschiff war zusammen mit seinen Feuerleiteinrichtungen, artilleristisch gesehen, das bestausgerüstete Kriegsschiff seiner Zeit.

Paul Rudeck wurde damals auf „Bismarck" kommandiert und sah zum ersten Mal den Riesen im Hamburger Hafen:

„Wir kamen von Gotenhafen nach Hamburg und als ich so vor dem Schiff stand war der erste Gedanke: Auf dem Pott kann dir nichts passieren! So gewaltig, das war für uns alle und für mich, der doch nur Leichte Kreuzer gefahren hatte, unbegreiflich."

In der Wäscherei

In der Wäscherei

In der Werkstatt

Und so erlebte Karl Kuhn diesen Tag:

„Wir waren an Oberdeck - und ich kann mich noch gut erinnern. Durch die lange Zeit der Baubelehrung hatten viele Kameraden bereits Freundinnen hier in Hamburg gefunden. Obwohl es ja eigentlich nicht gesagt werden durfte, wann der Auslauftermin von ***„Bismarck"*** *ist, standen trotzdem viele Mädchen am Ufer und winkten uns mit ihren Taschentüchern zu, als wir ausliefen.*

Das war schon sehr beeindruckend, wie da alle gewunken haben. Natürlich hatte sich herumgesprochen, dass ***„Bismarck"*** *ausläuft. Auch wenn der genaue Tag nicht bekannt war, man konnte natürlich so ein gewaltiges, riesiges Schiff gut erkennen, als es die Elbe herunterlief. Die* ***„Bismarck"*** *– Besatzung war in Hamburg sehr beliebt. Hamburg war eine Stadt, die nicht so mit Marinesoldaten überbelegt war und da hatten wir Seelords schon mehr Chancen bei den Mädchen."*

Nach der Indienststellung.
Beide Steuerbord-Fallreeps sind ausgebracht, mehrere Schuten und ein Hafenverkehrsschiff haben angelegt.

„Bismarck" verlässt erstmals die Bauwerft

„Bismarck" verlässt Hamburg mit Kurs Kaiser Wilhelm Kanal

Im September 1940, rund drei Wochen nach der Indienstellung war für **„Bismarck"** nun die Zeit gekommen, die Hansestadt zu verlassen. Allerdings war das Schiff jetzt noch keineswegs einsatzbereit, die Indienststellung war nur der letzte wichtige Schritt bis dahin. Am 14. September wurde das Schlachtschiff von Schleppern auf Auslaufkurs gedreht, um einen Tag später elbabwärts hinabzugleiten.

„Bismarck" mit Kopfschlepper und kriegsmarschmäßig getarnten Sperrbrecher auf der Unterelbe bei Blankenese

„BISMARCK" verlässt Hamburg

Die Zeiten in denen große Menschenmassen das Elbufer säumten und das Auslaufen großer Kriegsschiffe durch ihre Anteilnahme ehrten, waren längst vorbei. Es war seit einem Jahr Krieg.

Gegen Abend erreichte das Schlachtschiff Brunsbüttel Reede und ankerte. Am nächsten Morgen, dem 16. September 1940, begann man mit der erstmaligen Durchfahrt des Kaiser Wilhelm Kanals.

Der riesige Koloss passte gerade hinein, in den Kanal. Dem Betrachter bot sich von der Landseite ein einmaliges und imposantes Bild: **„Bismarck"** über Land.

„Bismarck" läuft bei Brunsbüttel in den Kaiser Wilhelm Kanal

Zwei Tage dauert die Kanalfahrt, dann erreicht das Schlachtschiff Kiel. Wenige Tage später setzt es seine Fahrt durch die Ostsee nach Gotenhafen fort, wo am 29. September auf Reede die Anker fallen.

„Bismarck" in Kiel an einer Festmacherboje

In Gotenhafen

Die Seegebiete der östlichen Ostsee waren 1940/41 für die Royal Air Force unerreichbar und außerdem durch die deutsche Luftwaffe gesichert. Unter ihrem Luftschirm konnten alle möglichen Verbände der Kriegsmarine ihre Ausbildungs- und Erprobungsfahrten, fast wie zu Friedenszeiten, durchführen.

Gotenhafen war daher der wichtigste und größte Stützpunkt der Kriegsmarine in der östlichen Ostsee. Fernab vom Wirkungsbereich britischer Flugzeuge herrschten hier friedensmäßige Bedingungen. Die Ausbildung der Besatzungen und die Erprobung neuer Technologien konnten hier ungestört durchgeführt werden.

Die Danziger Bucht war das praktische und ideale Übungsfeld von Kreuzern und Schlachtschiffen, von U-Booten und Zerstörern. Auch **„Bismarck"** begann hier mit seinen ersten Erprobungs- und Ausbildungsfahrten.

„Bismarck" auf Probefahrt in der Danziger Bucht. Am 23. Oktober 1940 war die Maschinenanlage erstmals klar für Höchstfahrt.

Die so genannten Meilenfahrten sollten die maximal mögliche Geschwindigkeit des Schlachtschiffes ermitteln helfen. Die gesamte Besatzung verfolgte dieses Ereignis immer mit großem Interesse.

„Bismarck" in der Ostsee

Dazu erinnert sich Paul Rudeck:

„Bei der Tiefseemeilenfahrt, die vor Pillau absolviert wurde, war der Werftleiter von Blohm & Voss an Bord. Er war stolz und sehr zufrieden, was das Schiff auf „Äußerste Kraft" herausgeholt hatte."

Und Heinz Steeg weiß zu berichten:

„Alles ging bei uns auf Zeit. Wir wurden ständig gedrillt. Da wird achtern angetreten und da geht's nach der Stoppuhr. Wie schnell ist jeder vor Ort und an dem Punkt, an welchem er abgeteilt ist. Für mich zum Beispiel war dies das E-Werk 1. Das wurde geübt, oder wie schnell sind wir von der Schanz wieder vor Ort. Im E-Werk 1 wurde alles nach der Zeit gemacht und es wurde solange getrimmt, bis die kürzeste Zeit herauskam – da gab es viele blauen Flecken."

„Bismarck“ während einer der Probefahrten

„Bismarck“ stampfte dann mit der Vollzahl seiner Pferdestärken los und durchschnitt die See mit einer mächtigen Bugwelle. 30,8 Knoten lautete das stolze Ergebnis. Drei Knoten über der angegebenen Konstruktionsgeschwindigkeit von 28 Knoten. Dieses Ergebnis rief natürlich Stolz und Freude hervor.

Auf Probefahrt in der Danziger Bucht

Das ohnehin schon grenzenlose Vertrauen der Besatzung in ihr Schiff wurde noch einmal verstärkt.

Auch Karl Kuhn hat es so erlebt:

„Es wurde praktisch alles geübt. Da sind die Gefechtsbilder gefahren worden und dabei wurde laufend geübt. Dem Kommandanten hat vieles nicht gepasst. Alles wurde zu Papier gebracht und alles musste zigmal geübt werden. Dann wurde FLAK Schießen und Scheibenschießen für die Artillerie geübt."

Johann Helwig sagt dazu:

„Dann wurde Artillerieschießen geübt. Die 38-er und alle anderen Geschütze. Wieder FLAK-Übungen - dann wurde auch U-Boot Horchdienst gemacht. U-Boote waren schließlich genug da, die hatten hier ihre Übungsgebiete. Die U-Boote haben wir mit Membranen, die unten am Vorschiff angebracht waren, festgestellt. Der Horchdienst konnte praktisch alles hören - bis auf ein U-Boot, das haben sie einmal nicht gehört. Das ist dann plötzlich neben uns aufgetaucht!"

Heinz Steeg kann sich auch an diese Geschichte erinnern:

„Das ist schon eine nette, lustige Geschichte. Taucht ein U-Boot neben uns auf! Unser Kommandant hatte sofort Blinkspruch gegeben: Verlassen Sie mein Operationsgebiet."

Der U-Boot Kommandant legte die Frage in seinem Sinne aus und fragte zurück: „Kann „Bismarck" etwa tauchen?"

Für eine selbstständige und unabhängige Seeaufklärung erhielt **„Bismarck"** ein drehbares ausfahrbares Doppelkatapult, von dem die Bordflugzeuge mittels Pressluft je nach Windrichtung von Backbord- oder Steuerbordseite abgeschossen werden konnten.

Für die Wiederaufnahme mussten die Arados 196 in unmittelbarer Nähe des Schiffes auf See niedergehen, um dann von einem der beiden Bordkräne aufgenommen zu werden.

Uniformen und Abzeichen der Kriegsmarine

Laufbahn- und Dienstgradabzeichen für Unteroffiziere ohne Portepee

„Bismarck" lag vom 24. bis 28. September 1940 in der Kieler Förde auf Reede

Alle schiffstechnischen Tests wurden von **„Bismarck"** sehr gut bestanden. Er zeigte eine hohe Kursbeständigkeit und sehr gute Schlinger- und Stampfbewegungen im Seegang. Das Schlachtschiff erwies sich im Gegensatz zu **„Scharnhorst"** und **„Gneisenau"** als äußerst seetüchtig. Auch bei höchsten Fahrtstufen erzeugte der Gigant nur eine mäßige Bugwelle und lag außerordentlich ruhig in der See.

Das Ruderlegen und das Steuern des Schiffes mit drei Schrauben bei feststehendem Ruder in Mittelstellung, wurden ebenfalls geprüft. Sinn dieser Übung war es die Manövrierfähigkeit des Schiffes, bei ausgefallenen Ruder zu testen. **„Bismarck"** war dabei nur sehr schlecht auf Kurs zu halten. Kurskorrekturen waren selbst bei **„Äußerste Kraft Manöver"** kaum möglich. Zu dieser Zeit konnte natürlich noch niemand erahnen, welch schicksalhafte Bedeutung diese Eigenschaft einmal für das Schiff bekommen sollte.

Nachdem das Großkampfschiff auf Herz und Nieren geprüft war, ging es für die notwendigen Restarbeiten noch einmal zurück in die Werft zu Blohm & Voss.

Am 9. Dezember machte **„Bismarck"** wieder in Hamburg fest. Mehr als drei Monate sollten nun wieder ins Land ziehen, bis das Schlachtschiff am 17. März 1941 erneut vor Gotenhafen ankerte. Bis zum Auslaufen zur ersten Feindfahrt sollte Gotenhafen nun der Hauptliegehafen für **„Bismarck"** bleiben.

Uniformen und Abzeichen der Kriegsmarine

Große Uniform für Offiziere und Beamte
(Admirale und Kommodore mit Fangschnüren)

Rock für Offiziere, Beamte, Musikmstr., Oberfähnr., U.-Ärzte
(hier Kapitänleutnant als Adjutant, mit U-Boots-Abzeichen)

Jackett für Offiziere
(hier Oberleutnant zur See mit Dienstabzeichen des wachhabenden Offiziers)

Jacke für Unteroffiziere u. Mannsch. (hier Signalmaat)

Überzieher für Unteroffiziere u. Mannsch.
(hier Steuermannsmaat)

Blaues Hemd für Unteroffiz. u. Mannschaften
mit Hemdkragen und seidenem Tuch
(hier Verwaltungs-Ob.-Gefreiter)

Weißes Hemd für Unteroffiz. u. Mannschaften
mit seidenem Tuch (hier Masch.-Gefr.)

Hut für Admirale und Kommodore
(Seitenansicht)

Blaue Schirmm. für Admirale und Kommodore

Hut für alle übrigen Offiziere usw.
(Seitenansicht)

Weiße Schirmm. für Stabsoffiziere

Weitere Mützen siehe Tafel III

Bilderanhang
mit
zahlreichen
Daten und Fakten

Am 16.11.1935 erfolgt der Abschluss des Vertrages zum Bau des Schiffes „F“ mit der Blohm & Voss Schiffswerft in Hamburg. Das Schiff erhält die Konstruktionsnummer BV 509 und am 01.07.1936 werden auf der Helling 9 in Hamburg die ersten Kielplatten verlegt.

Schon zu Beginn des Jahres 1934 ging die deutsche Marineführung davon aus, dass es in der näheren Zukunft zu einem deutsch-britischen Flottenausgleich kommen könnte. So machte man sich schon einmal Gedanken darüber, welche Anforderungen ein neues Schlachtschiff der **„F-Klasse“** erfüllen sollte und wie es geschaffen sein könnte.

Dabei sollte die erlaubte Maximal-Verdrängung von 35.000 ts voll ausgenutzt werden. Allerdings wollte man beim Kaliber nicht das Limit von 40,6 cm ausschöpfen, da dies von den Engländern als Provokation verstanden werden konnte.

Weil man als zukünftigen Hauptgegner nur von Frankreich ausging, dessen Dunkerque-Klasse über 8 - 33 cm Geschütze verfügte, sah man eine ebenso starke Bewaffnung als angemessen an.

Doch schon im Herbst 1934 zeigte sich, dass ein Verdrängungslimit von 35.000 ts nicht eingehalten werden konnte. Auch wurde bei der Planungskonferenz im November 1934, die geforderte Höchstgeschwindigkeit von 33 kn auf nur noch 29 kn gesenkt.

Nachdem eine nochmalige Überprüfung der Berechnungen veranlasst wurde, beschloss Admiral Reader am 21. Dezember 1934 die Verdrängungsobergrenze von 35.000 ts zu überschreiten. Als Voraussetzung dafür galt es, auch eine beträchtliche Kampfwertsteigerung zu erreichen.

Selbstverständlich mussten die Abmessungen des gewaltigen neuen Schiffstyps auch mit den Maßen der Werften und Dockanlagen, sowie mit denen der Schleusen und Kanäle vereinbar sein. Weil z. B. die Schleusen über eine Tiefe von nur 11 m verfügten, wurde der maximale Tiefgang gleich auf 10 m festgelegt.

Aufgrund der gewaltigen Maße kamen für den Bau der neuen Schlachtschiffe nur die „Weser" A.G. in Bremen, die Kriegsmarinewerft Wilhelmshaven, die die Schwimmdocks der Deutschen Werke in Kiel und die Schwimmdocks V und VI von Blohm & Voss, Hamburg in Frage.

Am 16. November 1935 erhielt dann Blohm & Voss den ersten Auftrag für den Bau eines Schlachtschiffes der Klasse „F".

Die Entstehung des Innenraumes. Es wird deutlich, wie weit der Ausbau des Panzerdecks zu diesem Zeitpunkt gekommen war.

Aufnahme vom 1. April 1938. Das Batteriedeck wird eingezogen.
Zu sehen sind die Stützzylinder für die vordern 15 cm Türme.
Auch der Stützzylinder für den dritten 38 cm Turm ist zu erkennen.

Das Panzerdeck des Schlachtschiffes „F" entsteht

Als Stahlpanzerung wurden die schon bei der Scharnhorst-Klasse verwendeten Sorten Wotan hart und Wotan weich eingesetzt. Diese Materialien bestachen gegenüber den bisherigen Panzerungen durch eine wesentlich höhere Festigkeit und Dehnbarkeit. Ein weiterer großer Vorteil war, dass sich dieser besondere Stahl leicht mit einer Spezialelektrode elektrisch schweißen ließ.

Aus einer KCnA-Panzerung, dies sind zementierte Panzerplatten, hergestellt im Kruppschen Verfahren neuer Art, bestanden die Seiten, die Panzerquerschotts, die schweren und mittleren Türme samt ihrer Barbetten (Zahnräderführungen der Geschütze) und die Kommandostände.

Unter großer Anteilnahme von Regierung und Bevölkerung, konnte die Schiffstaufe am 14. Februar 1939 vollzogen werden und das Schlachtschiff mit dem stolzen Namen „Bismarck" den Fluten übergeben werden.

Von Anfang an legte die Marineführung ein besonderes Augenmerk auf den Bau des neuen Schlachtschiffes. Mit dem Einsatz verstärkter Arbeitskräfte trieb man die Bauarbeiten massiv voran, um die veranschlagte Bauzeit zu reduzieren, damit die Kriegsmarine endlich, wenigstens über ein vollwertiges Schlachtschiff in absehbarer Zeit verfügen konnte.

Der Stapellauf wurde zu einem Großereignis im ganzen Land

Unmittelbar nach dem gelungenen Stapellauf bei Blohm & Voss nehmen Werftschlepper „Bismarck" an den Haken und verholen in zum Weiterbau an die Ausrüstungspier

„Bismarck" an der Ausrüstungspier im Hamburger Hafen. Hinter dem Schiff erhebt sich einer der großen Hammerkräne.

Der Atlantikbug. Der Bug der „Gneisenau“ hatte sich bei Probefahrten als zu niedrig erwiesen und nahm deshalb zu viel Wasser über. So erhielt „Bismarck“ noch vor der Indienststellung einen erhöhter und gebogenen „Atlantikbug mit Gischtreling“ nachgerüstet.

Riesige Kräne bringen nach und nach die Aufbauten „an Bord“

„Bismarck" im Eiswinter 1939/1940 in der Werft von Blohm & Voss.
Blick auf die beiden vordern 38 cm Zwillingstürme und die Brückenaufbauten.

Als Bewaffnung von ***„Bismarck"*** verwendete man eine Neukonstruktion der alten 38 cm SK C 13 Geschütze der Bayern-Klasse. Diese Konstruktion unterschied sich hauptsächlich in der Kaliberlänge, der gesteigerten Schussfolge und dem moderneren Aussehen.

Die neue Schiffsbewaffnung wurde als 38 cm SK C/34 (L47) klassifiziert. Bei einer 30° Rohrerhöhung und einer Mündungsgeschwindigkeit von 820 m/s konnte das Geschütz eine Reichweite von ca. 36.200 m erreichen. Zwei, bis zu 800 kg schwere, Granaten wurden pro Minute je Rohr verschossen.

Als Mittelartillerie war die 15 cm SK C/28 (L/55) in sechs Zwillingstürmen vorgesehen; Einzeltürme gab es keine. Diese Geschütze konnten sechs bis acht 45,3 kg schwere Spreng-granaten je Minute und Rohr über eine Strecke von bis zu 23.000 m verschießen.

Bismarck wird am 23. Juni ins Schwimmdock verholt. Es werden die Unterwasserhorchanlage, die MES Anlage und die drei Schiffspropeller eingebaut. Am 14. Juli verlässt das Schlachtschiff wieder das Dock.

Der Steuerbord-Bordkran.
Ausleger hier zur Behebung einer Störung
auf einen Stapel von Holzbohlen abgesenkt.

„Bismarck" am Ausrüstungskai. Der Großmast ist gesetzt und das Schlachtschiff kurz vor seiner Fertigstellung.

Am Tag der Indienststellung.
Zwei Signalmaate stehen bereit,
um zum ersten Mal die Kriegsflagge zu heissen.

Indienststellung.
Kapitän zur See Lindemann schreitet die Front der angetretenen Besatzung ab.

Tag der Indienststellung
24. August 1940

„Bismarck" läuft aus

Am 15. September 1940 verlässt **„Bismarck"** zum ersten Mal den Hamburger Hafen. Das Ziel ist die Ostsee. Hier sollen Übungs- und Erprobungsfahrten durchgeführt werden. Nur einen Tag später passiert das riesige Schiff den engen Kaiser Wilhelm Kanal.

Am 17. September1940 wird der Scheerhafen in Kiel erreicht.

Nach elf Tagen, dem 28. September 1940, verlässt **„Bismarck"** den Scheerhafen und nimmt unter dem Geleitschutz von **„Sperrbrecher 13"** Kurs auf Arkona. Später am Tage erreicht man uneskortiert den Ostseekriegshafen Gotenhafen.

„Bismarck" verlässt den Hamburger Hafen am 15. September 1940

„Bismarck" verlässt Hamburg mit Kurs auf den Kaiser Wilhelm Kanal, um in die Ostsee, zuerst nach Kiel und dann nach Gotenhafen, zu verlegen

„Bismarck" wird vom Schlepper „Seefalke" auf Auflauskurs gedreht

„Bismarck" in der Kieler Bucht. Die Funkmessantenne ist vom Bild aus Gründen der Geheimhaltung entfernt worden. Auch das Schiffswappen ist nicht mehr zu sehen.

Der Antrieb:

Als Antrieb von **„Bismarck"** hatten sich die Konstrukteure für eine Hochdruck-Heißdampfanlage entschieden. Diese konnte die notwendige Leistung erbringen und sparte außerdem noch Gewicht und Platz.

Doch auch andere Antriebsvarianten hatte man in Betracht gezogen. So hatte ein turboelektrischer Antrieb die Vorteile, dass man einfachere Turbinen verwenden konnte, ein schnellerer Fahrtstufenwechsel möglich war und zeitiger auf die Drehrichtung der Wellen umgeschaltet werden konnte. Eine Entwurfsstudie sah z.B. eine 110.000 PS starke Antriebsanlage mit drei Elektromotoren vor, von denen jeder eine Welle antrieb. Doch diese Antriebstechnologie steckte noch in den Kinderschuhen und war bisher noch nie auf einem deutschen Kriegsschiff verwendet worden. Deshalb rechnete man mit einer hohen Störungsanfälligkeit. Für Experimente mit einer solchen Antriebstechnik blieb jedoch keine Zeit.

Der Dieselantrieb z.B., erlaubte durch geringen Verbrauch und hohe Leistungsfähigkeit, die größte Reichweite. Trotz seines größeren Platzverbrauches im Vergleich zur Hochdruck-Heißdampfanlage, galt er deshalb als die idealste Antriebsform.

Doch zum Zeitpunkt der Planung und des Baus von Bismarck befanden sich die ersten Großdieselmotoren, die eine ausreichende Größe aufwiesen, immer noch beim Schiffsmotorenhersteller MAN in der Erprobungsphase.

Dennoch zog man diese Möglichkeit in Betracht und kam schließlich zu der Feststellung, dass für einen Dieselantrieb 160.000 PS für eine Geschwindigkeit von 30 kn notwendig wären. Aber der Platz für eine derartige Anlage war nicht vorhanden. Man hätte höchstens eine Leistung von 132.000 PS installieren können.

Um dennoch Platz für die restlichen 28.000 PS zu schaffen, hätte eine Rumpfverlängerung durchgeführt werden müssen. Dieser Umbau hätte nicht nur ein höheres Gewicht zur Folge gehabt, sondern auch eine Verzögerung der Fertigstellung um bis zu zwölf Monate.

Wegen der genannten Gründe entschied man sich letztendlich für die Hochdruck-Heißdampfanlage, wie sie schon bei der Scharnhorst-Klasse verwendet wurde.

Die zwölf Wagner Hochdruckkessel wurden in sechs Kesselräumen, je drei nebeneinander in zwei Reihen, hintereinander aufgestellt.

Die Kessel waren mit einem Luft- und Speisewasservorwärmer ausgestattet und hatten einen Betriebsdruck von 55 atü bei 450° C Heißdampftemperatur vor dem Turbineneintritt. An der Stirnseite jedes Kessels waren jeweils zwei Brenner angebracht.

Bei den Brennern handelte es sich um Saacke-Drehbrenner, die das Heizöl in den Kesseln mit 5.000 und 7.000 U/min zerstäubten.

Diese Brenner bekamen ihr Heizöl aus den Verbrauchsbunkern jedes Kessels. Die Bunker mussten vorgewärmt werden, um das Heizöl leichter mit Pumpen zu den Brennern befördern zu können. Die Verbrauchsbunker wiederum wurden mit Hilfe von Heizölförderpumpen aus den Heizölvorratsbunkern gespeist.

Der von den Kesseln erzeugte Dampf wurde dann zu den Turbinen weitergeleitet. Hierbei belieferten je vier Kessel, also die zwei hintereinander liegenden Kesselräume, einen Turbinensatz.

Jeder der drei Turbinensätze hatte eine Leistung von 46.000 PS (33.800 kW) vorwärts und 12.000 PS (8.830 kW) rückwärts.

Nach der Indienststellung verbleibt „Bismarck“ vorerst an seinem Liegeplatz

Die Backbordkesselräume trieben den Backbordturbinensatz an, die Steuerbordkesselräume den Steuerbordturbinensatz und die mittleren Kesselräume trieben den mittleren Turbinensatz an, der hinter den beiden anderen in der Mitte des Rumpfes verbaut war.

Die einzelnen Turbinen waren dabei um das Getriebe des jeweiligen Satzes angeordnet, so dass eine viergehäusige Auslegung entstand.

Das erste Gehäuse beinhaltete die vierstufige Hochdruckturbine mit einem Curtis-Rad; im nächsten Gehäuse war der Mitteldruckbereich untergebracht. Zu diesem gehörten eine doppelflutige Mitteldruckturbine mit 15 Stufen und eine Hochdruckrückwärtsturbine mit Curtis-Rad.

Zum Niederdruckbereich gehörten die direkt über dem Kondensator angeordnete Niederdruckturbine mit neun Stufen sowie die doppelflutige Niederdruckrückwärtsturbine.

Das Deck für die seemännischen Unteroffiziere

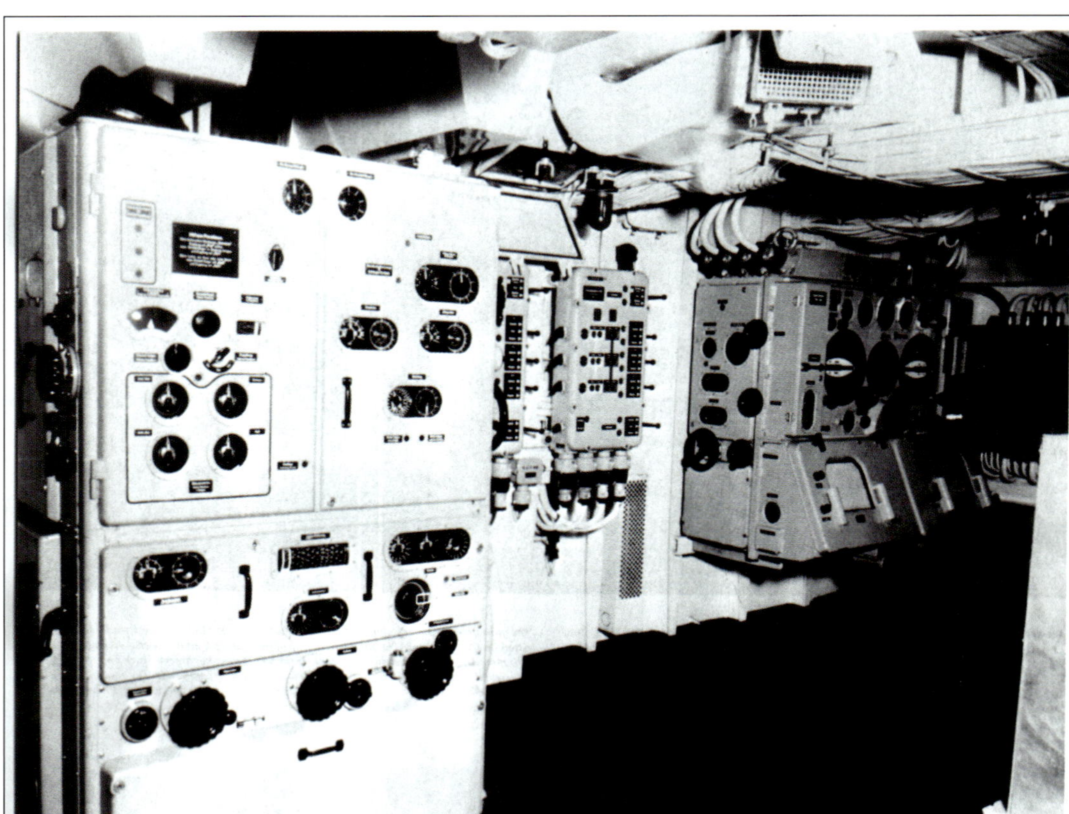

Die vordere Seezielrechenstelle. Rechts im Bild der Schusswertrechner C/38 K.

10,5 cm Doppellafette (schwere Flak).
Diese Geschütze wurden zur Flugzeugabwehr, konnten aber auch
als Seezielgeschütze genutzt werden.

„Bismarck" verlegte am 5. Dezember 1940 noch einmal zurück zur Bauwerft in Hamburg. Die Aufnahme entstand während der Kanalfahrt.

Die Panzerung :

Deck:	80-120 mm
Oberer Panzer:	145 mm
Hauptpanzer:	320 mm
Schwere Artillerie:	130-360 mm
Mittlere Artillerie:	40-100 mm
Oberdeck:	50-80 mm
Drittes Panzerdeck:	80-120 mm
Kommandoturm:	220-350 mm
Gewicht Panzerung:	17.540 Tonnen

„Bismarck" in voller Seitenansicht in der Kieler Förde liegend

Die Maße :

Gewicht:	53.546,7 Tonnen
Länge:	251 m
Breite:	36 m
Tiefgang:	10,2 m
Besatzung:	2.221 Mann

D41

Reise-Tagebuch von „Bismarck“

5.12.1940
„Bismarck“ verlässt die Ostsee, eskortiert von Sperrbrecher 6, und verlegt nach Kiel mit dem Endziel Hamburg um letzte Arbeiten bei Blohm & Voss durchführen zu lassen.

7.12.1940
„Bismarck“ passiert den Kaiser Wilhelm Kanal.

9.12.1940
„Bismarck“ erreicht die Blohm & Voss Schiffswerft in Hamburg.

24.1.1941
Die letzten Arbeiten an **„Bismarck“** sind abgeschlossen.
Das Schlachtschiff ist nun einsatzbereit.
Ein gesunkener Erzfrachter verzögert das Auslaufen.
In dieser Zeit werden auf **„Bismarck“** Gefechts- und Trainingsübungen durchgeführt.

6.3.1941
„Bismarck“ verlässt Hamburg in Richtung Ostsee.

7.3.1941
Das Schlachtschiff passiert den Kaiser Wilhelm zum letzten Mal.

8.3.1941
„Bismarck“ erreicht den Scheerhafen in Kiel.
Hier werden Vorräte wie Lebensmittel, Munition, Treibstoff und Frischwasser gebunkert.
Ebenfalls an Bord genommen werden zwei Arado AR 196 Wasserflugzeuge.
„Bismarck“ erhält hier einen Tarnanstrich. Jetzt ist das Schiff voll einsatzbereit.

17.3.1941
„Bismarck“ verlässt den Scheerhafen Richtung Gotenhafen.

„Bismarck" läuft durch den Kaiser Wilhelm Kanal mit Schlepperhilfe

„Bismarck" verlegt am 5. Dezember 1940 noch einmal
zurück zur Bauwerft in Hamburg

Ein 15 cm Doppelturm der Mittelartillerie

Der steuerbordachtere 15 cm Zwillingsturm der Mittelartillerie

„Bismarck" verlässt am 28. September Kiel und nimmt Kurs auf Gotenhafen. Die Seefallreeps sind eingezogen, die Verbindung zur Festmacherboje gelöst und die letzten Leinen werden auf der Back eingeholt.

Die Bewaffnung:

Schwere Artillerie:	8 x 38 cm SK C/34 (L/47)
Mittlere Artillerie:	12 x 15 cm SK C/28 (L/55)
Flak:	16 x 10,5 cm SK C/33 (L/65)
	16 x Maschinenkanonen 3,7 cm
	12 x Maschinenkanonen 2,0 cm

Die Flugabwehrbewaffnung:

Die schwere Flugabwehr von **„Bismarck“** bestand aus 16 Stück 10,5 cm SK C/33 (L/65) Flugabwehrgeschütze in Doppellafetten. Hierfür waren die neuen 10,5 cm Doppellafetten C 37 vorgesehen, allerdings führten Auslieferungsverzögerungen dazu, dass auf **„Bismarck“** nur die hinteren vier Lafetten des Typs C 37 montiert werden konnten. Für die vorderen vier Flugabwehrgeschütze verwendete man C 31 Lafetten.

Die dreiachsig stabilisierten Lafetten, mit maximaler Rohrerhöhung von 80°, verschossen etwa 16 Schuss je Rohr und Minute. Die Mündungsgeschwindigkeit der Geschosse belief sich auf 900 m/s. So konnte man z. B. bei einer Rohrerhöhung von 45°, Flugzeuge in noch über 17.000 m Entfernung bekämpfen.

Die mittlere Flak, mit 16 Stück 37 mm C 30 (L/83) Maschinenkanonen, war in acht Doppellafetten aufgeteilt. Pro Rohr waren 30 Schuss je Minute möglich. Die maximale Reichweite betrug etwa 8.500 m. Mit den C 30ern war es möglich, auch steil anfliegende Flugzeuge zu bekämpfen.

Für die leichte Flugabwehrbewaffnung waren anfangs zehn Stück 20 mm C 30 (L/65) bzw. C 38 in Einzellafetten geplant. Sie hatten eine Schussfolge von 120 bzw. 220 Schuss pro Minute und Rohr und erzielten eine Reichweite von 4.900 m. Bis Mai 1941 erhielt **„Bismarck“** dann noch acht zusätzliche 20 mm C 38 (L/65) Abwehrgeschütze in Vierlingslafette des Typs C 35.

„Bismarck" war mit vier Wasserflugzeugen des Typs Arado Ar 196 ausgerüstet. Sie dienten der Luftaufklärung.

Das Wasserflugzeug Arado Ar 196:

Als Bordflugzeuge für die Katapulte waren vier bis sechs Arado Ar 196 Wasserflugzeuge zur Aufklärung vorgesehen. Zwei der Flugzeuge waren in zwei kleinen Hangars zu beiden Seiten des Schornsteines untergebracht. Die restlichen Ar 196 waren in einem größeren Hangar, der sich achtern des Schleuderdecks befand. Dieser Hangar war für Reparatur- und Wartungsarbeiten an den Flugzeugen vorgesehen.

Um die Flugzeuge wieder aus dem Wasser zurück in den Hangar zu hieven, dienten zwei Kräne. Diese befanden sich beidseitig des Schornsteins. Auch sollten die Kräne die Beiboote zu Wasser zu lassen. Die Katapulte waren fest installiert und nicht drehbar, so dass immer nur querab geschleudert werden konnte.

Die Katapulte für die Wasserflugzeuge (Arado Ar 196)

Der Achtere Kommandostand mit 10,5 m-Basisgerät und dem an dessen Drehhaube sitzenden FuMO 23

Messgeräte:

Als Messgeräte besaßen Turm Bruno, Cäsar und Dora ein 10,50 m Entfernungsmessgerät; zwei weitere waren auf Drehhauben auf dem Vormarsstand sowie dem achteren Leitstand eingebaut. Diese dienten der schweren Artillerie bei der Entfernungsbestimmung.

Ein weiteres 7,00 m Gerät war auf einer Drehhaube am vorderen Kommandostand installiert und wurde von der schweren als auch der mittleren Artillerie genutzt. Zwei 6,50 m Geräte wurden in den beiden mittleren 15,0 cm Zwillingstürmen verbaut. Seitlich am Turmmast angebracht, standen noch zwei 3,00 m Entfernungsmessgeräte als Nacht-E-Messstand zur Verfügung. In den SL-8 Leitständen gab es für die schwere Flak vier 4,00 m Entfernungsmessgeräte.

Außerdem verfügte ***„Bismarck"*** über mehrere Funkmessgeräte, wie zum Beispiel das FuMO 23 auf der Vormarsdrehhaube und auf dem vorderen, sowie hinteren Kommandostand.

Flugzeughalle 1 mit Beibooten, Scheinwerfern und Großmast

Details am Schornstein

„Bismarck" liegt im März 1941 im Kieler Scheerhafen und übernimmt Proviant

Bei der Proviantübernahme im Kieler Scheerhafen.
Die Mittelschiffsaufbauten der Steuerbordseite.

Die Besatzung bringt Versorgungsgüter an Bord

„Bismarck" wird von einem PK-Filmtrupp aufgenommen

Gotenhafen am 5. Mai 1941
Adolf Hitler besucht den am Seebahnhof liegenden „Bismarck"

Gotenhafen
Der Reichskanzler Adolf Hitler an Bord von Bismarck

Kapitän zur See Ernst Lindemann
Kommandant des Schlachtschiffes „Bismarck"
* 28. März 1894 in Altenkirchen; † 27. Mai 1941 im Atlantik

Im Jahr 1913 ging Lindemann zur Kaiserlichen Marine. Hier war er Artillerie-Offizier auf den Linienschiffen „SMS Elsass" und „SMS Schleswig-Holstein".

Von 1931 bis 1934 unterrichtete er als Lehrer an der Schiffs-Artillerie-Schule, ab 1935 war er Lehrer beim Kommando I. Marinelehrabteilung der Reichsmarine. Von 1936 bis 1939 war er dann Referent und später auch Chef der Ausbildungsabteilung im Oberkommando der Kriegsmarine. Seit 1938 trug er den Rang eines Kapitäns zur See.

Im August 1940 erhielt Ernst Lindemann das Kommando über „Bismarck".

Admiral Günther Lütjens
Flottenchef
** 25. Mai 1889 in Wiesbaden; † 27. Mai 1941 im Atlantik*

Lütjens trat gleich nach seinem Abitur im Jahre 1907 in die Kaiserliche Marine ein und wurde 1910 zum Leutnant befördert. Im Krieg war er Kommandant von Torpedobooten und wurde zum Kapitänleutnant befördert.

Nach dem Krieg besetzte er in der Reichsmarine verschiedene Stabsposten und übernahm 1933 das Kommando über den Leichten Kreuzer **„Karlsruhe"**. Im Jahre 1936 war er Chef des Personalamtes der neuen Kriegsmarine, 1937 dann Führer der Torpedoboote. Hier erhielt er seine Beförderung zum Konteradmiral.

Zu Beginn des Krieges war Günther Lütjens zunächst Befehlshaber der Aufklärungsstreitkräfte. Bei der Besetzung Norwegens im Jahr 1940 war Lütjens Kommandeur der Deckungsgruppe. Im Juni 1940 wurde er zum Flottenchef und Befehlshaber der Schlachtschiffe ernannt.

Erich Raeder trat 1894 in die kaiserliche Marine ein und fuhr nach Beendigung der Grundausbildung auf dem Schulschiff **„Stosch"** und dann auf der **„Gneisenau"**. 1897 hatte er die Seeoffiziersprüfung mit Auszeichnung bestanden und wurde zum Unterleutnant zur See ernannt. Im Jahr 1900 erfolgte die Beförderung zum Oberleutnant, nachdem er als Signaloffizier auf verschiedenen Panzerkreuzern eingesetzt war. Es schlossen sich verschiedene Land- und Bordkommandos sowie ein Aufenthalt an der Marineakademie an.

Dr. hc. Erich Raeder
Oberbefehlshaber der Kriegsmarine
** 24.4.1876 in Wandsbek*
† 6.11.1960 in Kiel

1905 ist Raeder dann Kapitänleutnant. 1906 wird er als Referent zum Nachrichtenbüro des Reichsmarineamtes versetzt und zwei Jahre später ist Raeder als Navigationsoffizier an Bord des Kreuzers **„Yorck"**. In dieser Funktion tritt er von 1910 bis 1912 den Dienst auf der kaiserlichen Yacht **„Hohenzollern"** an. Im Zuge dieses Kommandos erfolgt 1911 die Ernennung zum Korvettenkapitän. Nach Ende des Kommandos auf der **„Hohenzollern"** wird er zum Ersten Admiralstabsoffizier beim Befehlshaber der Aufklärungsstreitkräfte.

1918 wurde Raeder zum Chef der Zentralabteilung des Reichsmarineamtes und an den Schreibtisch zurückbeordert. Im Jahr 1922 erfolgte die Ernennung zum Inspekteur des Bildungswesens der Marine. Jetzt war er in das politische Zentrum der Marineleitung zurückversetzt und zum Konteradmiral befördert worden. Im Herbst 1924 ist er dann Befehlshaber der leichten Seestreitkräfte der Nordsee; bereits im Januar 1925 wird Raeder zum Vizeadmiral befördert und zum Chef der Marinestation der Ostsee ernannt.

Am 1. Oktober 1928 ist Raeder dann schon Chef der Marineleitung. Nach der Machtübernahme der Nationalsozialisten, setzt er alles daran, Adolf Hitler von der Notwendigkeit des Aufbaus einer schlagkräftigen Marine zu überzeugen.

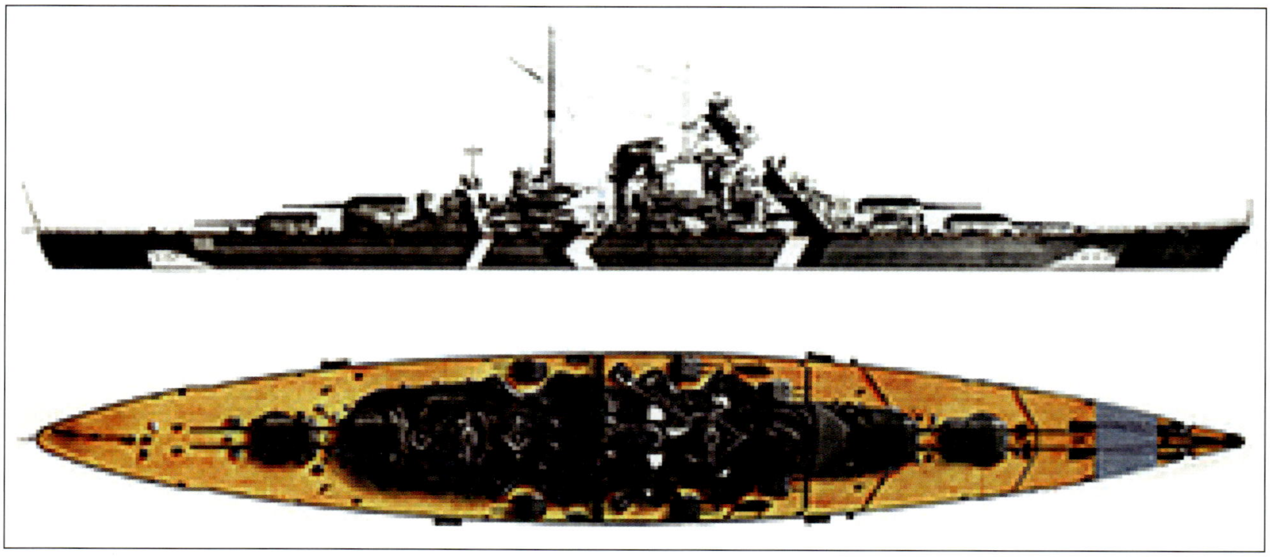

Tarnanstrich von „Bismarck“ bis zum Grimstadt-Fjord in Norwegen

Reichkriegsflagge

Technische Daten von

„Bismarck“

auf einen Blick:

Hersteller:	Blohm & Voss
Stapellauf:	14. Februar 1939
Indienststellung:	24. August 1940
Baukosten:	196,8 Millionen Reichsmark
Länge:	251 m
Breite:	36 m
Tiefgang:	10,2 m
Wasserverdrängung:	53.546,7 Tonnen
Kesselanlage:	12 Wagner Hochdruckkessel
Leistung:	138.000 WPS normal
	150.170 WPS maximal
Antriebsanlage:	3 Satz Getriebeturbinen
	Typ Curtis von Blohm & Voss
Vortriebsanlage:	3 Wellen
	mit dreiflügligen Schrauben
Schraubendurchmesser:	4,80 m
Geschwindigkeit:	30,8 kn
Treibstoffreserven:	3.200 m^3 normal
	7.400 m^3 maximal
Fahrbereich:	9.280 sm bei 16 kn
	8.525 sm bei 19 kn

Panzerung:	Wotan hart Wotan weich KC-Panzerstahl (Krupp cemented)
Hauptartillerie:	8 Geschütze 38,0 cm SK C/34 (L/47) in Zwillingstürmen mit 840 – 960 Schuss
Mittelartillerie:	12 Geschütze 15 cm SK C/28 (L/55) in Zwillingstürmen mit 1.800 Schuss
Flak-Bewaffnung:	16 Geschütze 10,5 cm SK C/33 (L/65) in acht Zwillingslafetten 16 Maschinenkanonen 3,7 cm in Zwillingslafetten 12 Maschinenkanonen 2,0 cm in Einzellafetten
Flugzeuge:	2 Katapulte 4 bis 6 Wasserflugzeuge Typ Arado Ar 196
Besatzung:	2.221 Mann
Beiboote:	3 Chefboote 1 Motorbarkasse 2 Dingis
Anker:	3 Bug und 1 Heck